森林里有一座大钟，一到整点就会发出"当当当"的报时声。森林里的动物根据钟声工作、学习和休息。有一天，大钟突然坏了，没有了钟声，动物们陷入一片混乱之中，斑马先生上班迟到，狗老板的早餐店延误了开门时间……小兔琪琪、小狗多多和小熊尼尼来到钟楼，商量着怎么才能把大钟修好。最后在大家的共同努力下，大钟终于修好了，大家的生活又变得有序起来。

儿童数学思维游戏训练

修不好的大钟

认识钟表

史宝俊◎编绘

浙江摄影出版社

森林里有一座钟楼，每到整点的时候，大钟就会响起"当当当"的报时声。

森林里的小伙伴们每天听着钟声起床、工作、吃饭、睡觉，过着有规律的生活。

可是，今天一大早，大家都没有听到大钟的报时声。

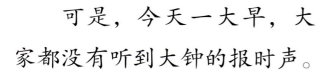

"哎呀，大钟没有准时响，害得我上班迟到了。"斑马先生提着公文包焦急地赶去上班。

早餐店的狗老板也匆匆地跑过来："看来我今天只能改卖午餐啦！"

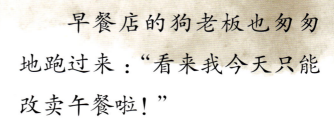

猫头鹰爷爷告诉大家，大钟慢了整整 1 个小时！

小兔琪琪坚定地说："我们一定得把大钟修好，不然我就不能听着钟声按时起床了。"

小狗多多点点头说："没错，我们得把大钟修好，不然我就不能准时去训练跳远了。"

小熊尼尼摸摸圆圆的肚子说："是得把大钟修好，不然我就不能准时吃饭了。"

几个小伙伴相约来到钟楼，准备把大钟修好。原来是大钟的发条松了，他们把大钟的发条拧紧，准备把时间拨准确。

　　小狗多多看着大钟发愁地说："哎呀，我不认识时间，怎么拨准时间呢？"

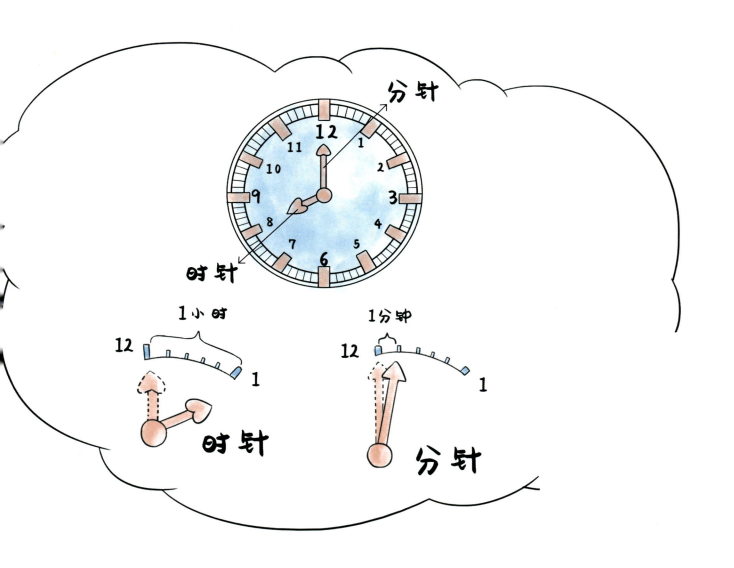

小兔琪琪指着大钟，告诉小狗多多："钟表上的短指针叫时针，时针走一大格是1小时；钟表上的长指针叫分针，分针走一小格是1分钟。"

时针转一圈
=12小时

分针转一圈=60分钟

60分钟=1小时

分针转一圈=时针转一大格

小熊尼尼问："时针和分针转一圈分别是多长时间呢？"

"时针转一圈代表12小时，分针转一圈是60分钟，也就是1小时。分针转一圈，时针才转一大格。"小兔琪琪回答。

小狗多多又皱起了眉头，问："分针转半圈是多长时间呢？"

"分针转半圈是 30 分钟，也就是半小时。"小兔琪琪耐心地回答。

分针转半圈=30分钟
30分钟=半小时

5 : 00　　　　　　8 : 00

小兔琪琪接着说："分针指向 12 时，时针指向几就是几点整。比如早上 5 点，时针指向 5，分针指向 12。"她边说边把时针拨向 5，把分针拨向 12，这时大钟"当当当……"敲响了 5 下。

小狗多多说："我来试试，8 点。"小狗多多把时针指向 8，把分针指向 12，这时大钟"当当当……"敲响了 8 下。

小熊尼尼也要试一试，他把时针拨向6，把分针拨向12，大钟"当当当……"敲响了6下。

"你们还有什么问题，我都可以解答。"小兔琪琪微笑着说。

小熊尼尼赶紧发问："我还有一个问题，一天不是有24个小时吗，大钟上怎么只有12个小时呢？"

一天=24小时

小兔琪琪说："一天24小时，有两种计算时间的办法，就是12小时制和24小时制。"

12小时制

24小时制

小狗多多眉头皱得更紧了："12小时制和24小时制有什么不一样吗？"

"使用12小时制时，比如上午的时间称为上午几时，下午的时间称为下午几时。使用24小时制时，就没有上午、下午、晚上等表述。"小兔琪琪说。

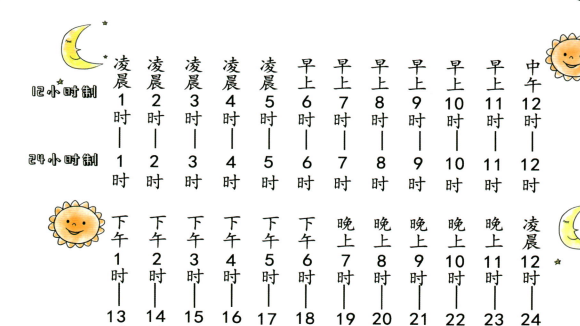

12小时制	凌晨1时	凌晨2时	凌晨3时	凌晨4时	凌晨5时	早上6时	早上7时	早上8时	早上9时	早上10时	早上11时	中午12时
24小时制	1时	2时	3时	4时	5时	6时	7时	8时	9时	10时	11时	12时
	下午1时	下午2时	下午3时	下午4时	下午5时	晚上6时	晚上7时	晚上8时	晚上9时	晚上10时	晚上11时	凌晨12时
	13时	14时	15时	16时	17时	18时	19时	20时	21时	22时	23时	24时

12小时制和24小时制对照组

小狗多多还是不明白，他问："那下午3点等于24小时制的几点呢？"

小兔琪琪把时针拨到3，把分针拨到12："你看这是3点，把上午的12个小时加上去，12加3，就是15。下午3点用24小时制就是15时。"

3+12=15

下午3点=15时

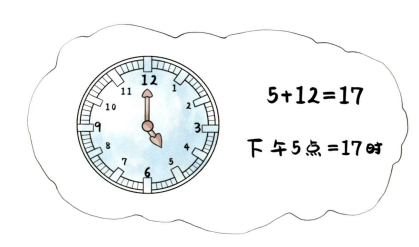

5+12=17

下午5点=17时

小狗多多说："哦，我明白了，下午5点，就是5加12，等于17时。"

小兔琪琪赞许地点点头："小狗多多你真棒，现在不光认识了钟表，还会算24小时制的时间了！"

　　小熊尼尼问："猫头鹰爷爷说大钟慢了一个小时，我们应该怎样修大钟呢？"

　　"大钟现在指着的是8点，其实大钟慢了一个小时，那正确的时间就是9点。"小狗多多动手把时针拨向9，把分针拨到12，大钟"当当当……"敲响了9下。

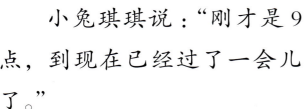

小兔琪琪说："刚才是9点，到现在已经过了一会儿了。"

小熊尼尼说："那我们就把时针指向10吧。"心急的他说着就把时针拨到了10，这时大钟又"当当当……"敲响了10下。

这时猫头鹰爷爷赶来了，他看了看自己的电子手表，着急地说："现在是9点半，还不到10点呢。"

小兔琪琪又把分针往回拨了半圈，分针指向 6，现在时间是 9 点半。

森林里的居民们被钟声吵得头昏脑涨，纷纷来找猫头鹰爷爷。

"大钟响个不停，完全不知道正确的时间，您快想想办法修一下吧。"狗老板捂着耳朵说。

"是呀，我被钟声吵得根本没办法好好上班。"斑马先生垂头丧气地说。

猫头鹰爷爷说："其实，大钟根本没有坏，只是发条松动了，这些钟声是因为小狗多多他们在修理大钟！"

责任编辑：王旭霞
装帧设计：刘万柯
责任校对：高余朵
责任印制：汪立峰

项目策划：北京慕晨世纪文化传媒有限公司

图书在版编目（ＣＩＰ）数据

修不好的大钟：认识钟表 / 史宝俊编绘. -- 杭州 ：
浙江摄影出版社，2023.4
（儿童数学思维游戏训练）
ISBN 978-7-5514-4453-8

Ⅰ．①修… Ⅱ．①史… Ⅲ．①数学－儿童读物 Ⅳ.
①01-49

中国国家版本馆CIP数据核字(2023)第057347号

XIU BU HAO DE DAZHONG: RENSHI ZHONGBIAO

修不好的大钟：认识钟表
（儿童数学思维游戏训练）

史宝俊　编绘

全国百佳图书出版单位
浙江摄影出版社出版发行
　　　　地址：杭州市体育场路 347 号
　　　　邮编：310006
　　　　电话：0571-85151082
　　　　网址：www.photo.zjcb.com
制版：北京晴晨时代文化发展有限公司
印刷：三河市春园印刷有限公司
开本：889mm×1194mm 1/16
印张：2
2023 年 4 月第 1 版　2023 年 4 月第 1 次印刷
ISBN 978-7-5514-4453-8
定价：39.80 元